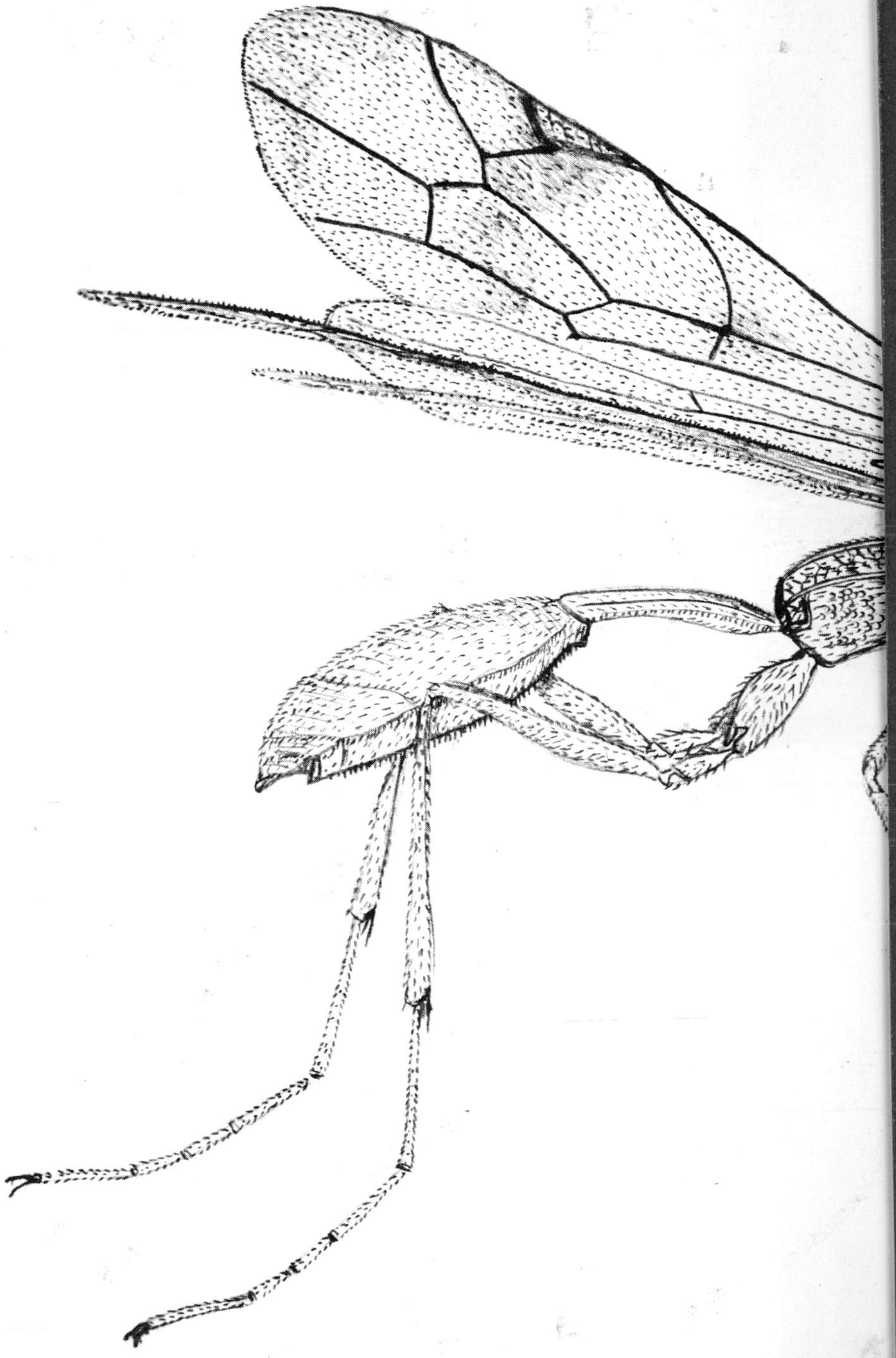

Parasitic Insects